縫製百褶裙

CONTENTS
目 錄

附圖片解說

縫製A字裙

附圖片解說

附圖片解說

縫製鬆緊帶的裙子

附圖片解說

附圖片解說

附圖片解說

縫製抵腰拼接裙

附圖片解說

附圖片解說

縫製前開式的裙子

附圖片解說

附圖片解說

縫製襯裙

縫製作品之前

縫紉的基礎

1

縫製百褶裙

簡單的
百褶裙 ♥

附圖片解說

▋no.1

這件簡單的百褶裙是活用
漂亮的綠色來加深印象，
穿起來也充滿華麗感。素
材採用化纖棉布。
布料提供／ホームクラフト(home craft)
製作／金丸かほり(Kanamaru Kahori)

作法 ◉ P.4

▋no.2

樣式和no.1一模一樣，但是改
用小圓點的聚酯布料縫製。只
是變換素材，氣氛隨即不同。
另外，慎選自己所喜歡的布料
也是件令人雀躍的事！

製作／金丸かほり(Kanamaru Kahori)

作法 ◉ P.4

■no.3
迷你長度的百褶裙 ♥

附圖片解說

版型雖然和no.1相同，但卻把長度縮短。同時選擇小花圖案來表現出女人味。並利用薄棉布做出輕柔的感覺。

布料提供／北高
製作／金丸かほり(Kanamaru Kahori)

作法 ◉ P.4

罩衫＝パースリー(PARALEY)／鞋＝戴安娜(戴安娜銀座本店)

第2頁 ■ no.1

第2頁 ■ no.2

第3頁 ■ no.3

■ no.1 的材料

① 表布 ② 接著芯
③ 拉鍊 ④ 裙鉤

no.1・2・3 材料

		S	M	L	LL
no.1 表布 (化纖棉布)	106cm寬	1m60cm	1m60cm	1m70cm	1m70cm
no.2 表布 (聚酯)	102cm寬	1m60cm	1m60cm	1m70cm	1m70cm
no.3 表布 (棉)	110cm寬	1m20cm	1m20cm	1m30cm	1m30cm
接著芯 (FV-2N)	90cm寬	25cm	25cm	25cm	25cm
拉鍊	20cm	1條	1條	1條	1條
裙鉤		1組	1組	1組	1組
●完成尺寸	腰圍	64cm	68cm	74cm	80cm
	no.1・2 裙長	64cm	65cm	68cm	69cm
	no.3 裙長	46cm	47cm	49cm	50cm

・實物大小的型紙：使用A、B面的no.1・2・3。

□ ＝實物大小的型紙
● ＝S尺碼
● ＝M尺碼
● ＝L尺碼
● ＝LL尺碼
● ＝通用

no.1・2・3型紙

裙頭
折山線
貼邊　0.2　no.1・2・3
接著芯

碎褶
前・後
開口止點(僅左)
前後中心對摺邊
no.3 --- 1.8
1.8
no.1・2

▨ ＝黏貼接著芯的位置
♥ ∿∿∿ ＝裁剪後做鋸齒縫的位置

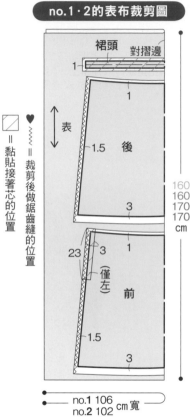

no.1・2的表布裁剪圖

裙頭　對摺邊
1
表
1.5　後　3
23
(僅左)　前
1.5
3
160 160 170 170 cm

no.1 106 cm 寬
no.2 102 cm 寬

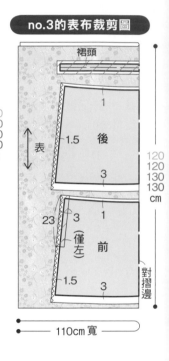

no.3的表布裁剪圖

裙頭
1
表
1.5　後　3
23
(僅左)　前
1.5　3
對摺邊
120 120 130 130 cm

110cm 寬

....

⊞ 開始縫製前的準備 ⊞

・這裡是用no.1的作品來進行圖片解說。
・為了方便解說，會改變車縫線的顏色。但正式準備材料時，請用和表布同色的線。
・使用的線和針刊載於第63頁。

1＊製作型紙

型紙是臨摹在其他紙上使用

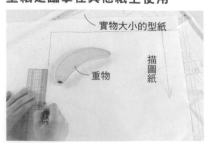

實物大小的型紙
重物
描圖紙

1 在實物大小的型紙上擺放透明紙(描圖紙等)，用鉛筆臨摹。

加入縫份再裁剪

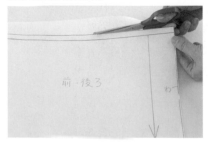

2 在「拼合記號」、「布紋」等位置做記號，並寫上「前」等名稱。接著邊看裁剪圖，邊畫和完成線平行的縫份線，然後再裁剪。

2＊把型紙放在布上

珠針

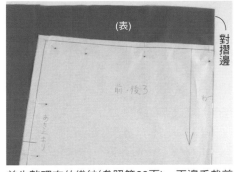

(表)

對摺邊

前‧後3

わ

あき止まり

首先整理布的織紋(參照第63頁)。再邊看裁剪圖，邊把型紙擺放在布上，用珠針固定數處。珠針的固定法是和完成線成直角，再以45度角插入固定。

3＊裁剪

前‧後3

わ

あき止まり

裁剪並非移動布，而是邊移動身體邊進行。

4＊做記號

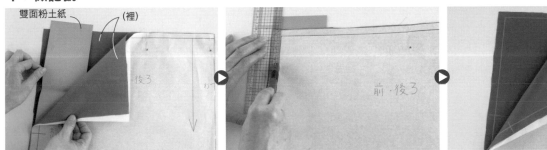

雙面粉土紙

(裡)

後3

わ

前‧後3

在表布之間(裡側面)夾住雙面粉土紙，用複描器來畫完成線。也別忘記做拼合記號。

5＊黏貼接著芯

裙頭
(裡)

接著芯
(裡)

描圖紙

在裙頭和前片左側黏貼接著芯。把裙頭的裡側面和接著芯的粗糙面(裡)重疊，上面擺放描圖紙，先用熨斗按壓10秒左右。然後把熨斗和描圖紙一點一點地向前推進，注意避免有沒貼到的地方。(參照第64頁)

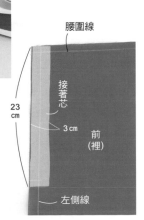

腰圍線

接著芯

23
cm

3cm

前
(裡)

左側線

6＊縫份的處理

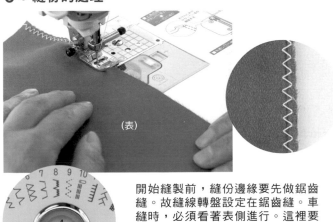

(表)

4
J

開始縫製前，縫份邊緣要先做鋸齒縫。故縫線轉盤設定在鋸齒縫。車縫時，必須看著表側進行。這裡要縫側線。

1 ＊ 縫合左側線

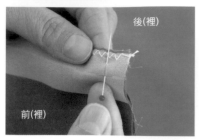

1 前裙片和後裙片的表側面對齊,用珠針固定裙角。

2 先用珠針固定開口止點和下擺線位置,然後繼續在其間固定數支珠針。

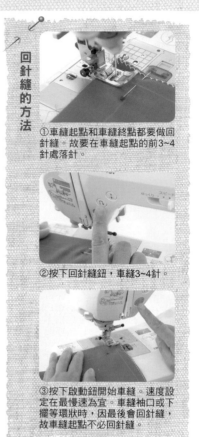
3 先回針縫,從下擺側縫起。車縫直線時,布要和裁縫車成直角擺放,雙手輕輕抵住布進行。

4 車縫到開口止點後,再回針縫然後把線剪斷。

5 針距設定在最大,選擇粗針腳。

6 在記號1針下方落針,不回針縫,直接用粗針腳車縫拉鍊位置。

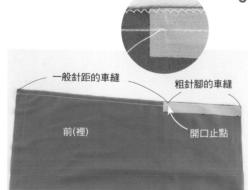

一般針距的車縫　粗針腳的車縫

前(裡)　開口止點

縫好的情形

7 用熨斗燙平左側線的車縫線,讓車縫線平整。

8 攤開布,打開縫份用熨斗燙平。

2 ＊ 車縫裝置拉鍊

0.3cm

1 後裙片重疊在下側，再次用熨斗熨燙拉鍊位置的縫份。

2 把後片的縫份拉出0.3cm，用熨斗折疊(從開口止點往下2~3cm為止)

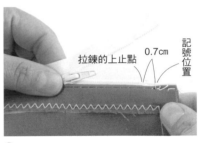

拉鍊的上止點　0.7cm　記號位置

3 抵住拉鍊，把拉鍊的上止點對準在記號下方0.7cm的位置，用珠針固定。

開口止點

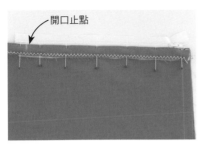

4 閉合拉鍊頭，用珠針固定拉鍊。

5 用疏縫線貫穿過拉鍊布帶進行手縫。最後一針重複兩次，不打結直接剪斷線。

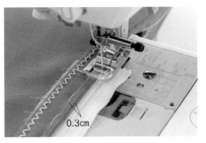

0.3cm

6 在拉鍊下側處折疊0.3cm位置的中央，慢慢開始車縫。

5~6cm

7 車縫到距離拉鍊頭還有5~6cm處時，以插針的狀態停止車縫。

8 拉起壓布腳，用錐子插入拉片的洞裡。

9 拉著拉片，把拉鍊頭移動到壓布腳後側。

10 放下壓布腳，車縫剩餘部分。

前(裡)

11 拆掉疏縫線。

前(裡)

後面縫好拉鍊的情形

12 現出表側。

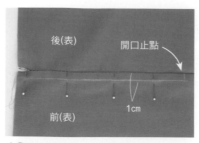

後(表)　開口止點

前(表)　1cm

13 整平拉鍊，用珠針固定前裙片和拉鍊布帶部分，用消失筆在車縫位置畫線。

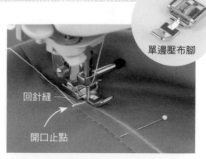

單邊壓布腳

回針縫

開口止點

14 把車縫壓布腳換成單邊壓布腳。從開口止點側回針縫2次，然後車縫在線上。

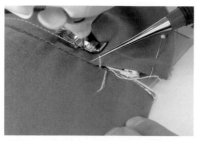

15 在距離4~5cm之前，以插針的狀態停止車縫，然後把粗針腳的車縫上線拉出4~5cm。

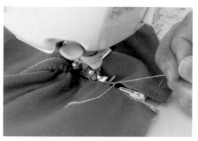

16 拉線，拆掉粗針腳縫線。

17 拉起壓布腳，打開拉鍊。

18 放下壓布腳，車縫剩餘部分。

前(表)　後(表)

19 縫好拉鍊的情形。

3 ＊ 縫合右側線

前(裡)

1 裝置一般車縫用的壓布腳。和左側線一樣，在數處用珠針固定並且車縫。

前(裡)

後(裡)

2 用熨斗熨燙縫線，打開縫份用熨斗燙平。

4 ＊ 車縫下擺線

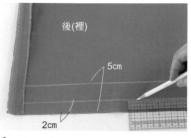

後(裡)

5cm

2cm

1 在距離布邊2cm和5cm的位置，分別用消失筆畫線。

2 先把布邊對準2cm線，用熨斗折疊。

3 接著再對準5cm線，用熨斗折疊。

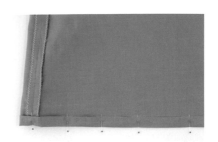

4 用珠針固定。

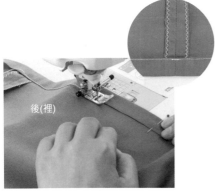

5 不做回針縫，從左側線的2針前方開始車縫。但最後要做回針縫。

縫好下擺線的情形。

5＊裝置裙頭

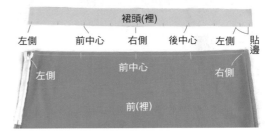

裙頭(裡)

左側　前中心　右側　後中心　左側　貼邊

左側　　前中心　　　右側

前(裡)

1 在裙頭和裙子上做接合記號。

裙頭(裡)

2 把裙頭對摺。

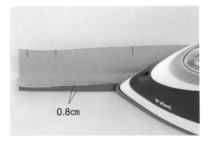

0.8cm

3 在裙頭沒做接合記號的那側，用熨斗折疊0.8cm。

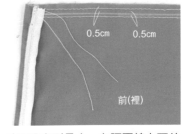

0.5cm　0.5cm

前(裡)

4 針距設定到最大。在腰圍線上下的0.5cm位置，用粗針腳車縫。

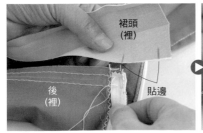

裙頭(裡)

後(裡)　貼邊

裙頭(表)

後(裡)

5 裙頭和裙子的接合記號對準，用珠針固定。

裙頭(裡)

前(表)

用珠針固定好的情形。

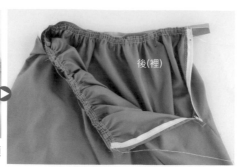

6 拉粗針腳的車縫線擠出碎褶。裙頭必須和裙子等長。

7 碎褶面朝上側，落針在3~4針前端做回針縫。

8 使用錐子均勻整理碎褶。然後用左手壓住碎褶車縫。

9 只在縫份上燙熨斗，讓碎褶平整。

10 抽出2條粗針腳的車縫線。

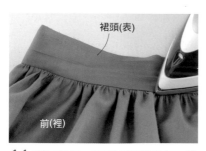

11 翻到表側，縫份和裙頭朝上。用熨斗，整燙車縫線。

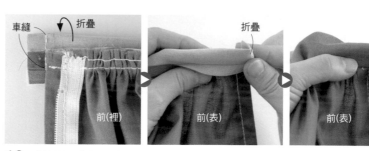

12 手縫前側的裙頭邊緣，再把裙頭摺向後側，縫合邊端。接著折疊縫份，以捏住的狀態翻回表側。

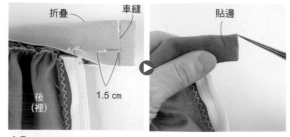

13 後側如同前側折疊。車縫裙頭的貼邊端。邊角使用錐子整平。

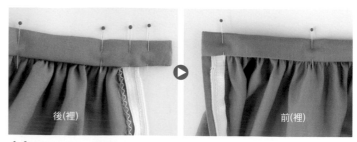

14 把縫份摺入裙頭內側，用珠針固定。

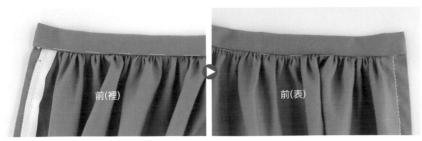

15 用疏縫線從裡側手縫到裙頭邊緣。同時要確認表側是否確實縫在裙側。

16 從表側車縫裙頭的邊緣。

縫上裙頭後的情形

前(表)

完成

no.1

6 * 裝置裙鉤

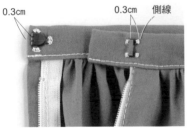
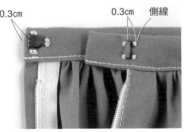

0.3cm　　0.3cm　側線

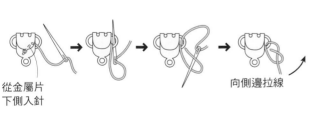

no.2

裙鉤的裝置法

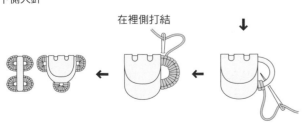

從金屬片
下側入針

向側邊拉線

在裡側打結

no.3

▌no.4
裝飾橫褶的
百褶裙 ♥

把no.1的型紙稍加變化，下擺
多了橫褶的設計。且使用較厚
的毛棉縫製，讓外型比no.1更
蓬鬆。

布料提供／北高
製作／中川雅子
作法 ◉ P.13

▌no.5
裝飾荷葉邊的
百褶裙 ♥

本款的版型和no.1一樣，
只是長度縮短，下擺多加
了荷葉邊。荷葉邊是使用
不會過於柔美的黑色棉蕾
絲製作。

布料提供／コスモテキスタイル
(COSMO TEXTILE)

製作／中川雅子

作法 ◉ P.13

no.4·5材料

		S	M	L	LL
no.4 表布 (毛棉)	110cm寬	1m80cm	1m80cm	1m90cm	1m90cm
no.5 表布 (棉蕾絲)	102cm寬	1m50cm	1m50cm	1m60cm	1m60cm
接著芯 (FV-2N)	90cm寬	25cm	25cm	25cm	25cm
拉鍊	20cm	1條	1條	1條	1條
裙鉤		1組	1組	1組	1組
●完成尺寸	腰圍	64cm	68cm	74cm	80cm
	no.4 裙長	57cm	58cm	60.5cm	61.5cm
	no.5 裙長	52.5cm	53.5cm	55.8cm	56.8cm

・實物大小的型紙：使用A、B面的no.4·5。

圖例
- □ =實物大小的型紙
- ○ =S尺碼
- ○ =M尺碼
- ● =L尺碼
- ● =LL尺碼
- ● =通用
- ▨ ＝黏貼接著芯的位置
- ≈ ＝裁剪後做鋸齒縫的位置

no.4·5型紙

裙頭

接著芯　折山線　貼邊　0.2　no.4·5

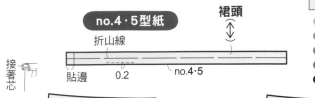

前·後　碎褶　開口止點(僅左)　前後中心對摺邊

3　6　6　6
no.4　1.8

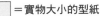

前·後　碎褶　開口止點(僅左)　前後中心對摺邊　0.2　no.5　荷葉邊

碎褶　前後中心對摺邊　前荷葉邊·後荷葉邊　no.5　0.3　適度地撥開

no.4的表布裁剪圖

裙頭　表　後　前　對摺邊
1.5　1　3　3　1　1.5　3　23
180 180 190 190 cm
110cm寬

no.5的表布裁剪圖

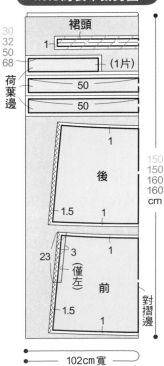

裙頭　(1片)　荷葉邊　50　50　後　前(僅左)　對摺邊
30 32 50 68　1　1.5　1　3　1　23　1.5　1
150 150 160 160 cm
102cm寬

5　no.5　6　2　3　1　下端摺三摺車縫　請參照第21頁

no.5的縫法順序

1 縫合左側線
2 車縫裝置拉鍊
3 縫合右側線
4 車縫荷葉邊，裝置在下擺線上（參照第33頁）
5 裝置裙頭
6 裝置裙鉤

請參照第4~11頁的縫法

3 縫合右側線

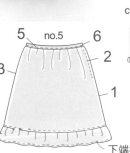

② 鋸齒縫　一片一片做　前(裡)　④打開縫份　③車縫　後(裡)　①橫褶中央約0.8cm的牙口

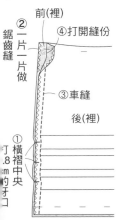

no.4的縫法順序

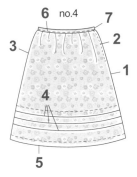

6　no.4　7　3　2　1　4　5

1 縫合左側線
2 車縫裝置拉鍊
3 縫合右側線
4 車縫橫褶
5 車縫下擺線
6 裝置裙頭
7 裝置裙鉤

※ 請參照第4~11頁的縫法

4 車縫橫褶

後(裡)　在橫褶上側縫疏縫線　橫褶　a

→

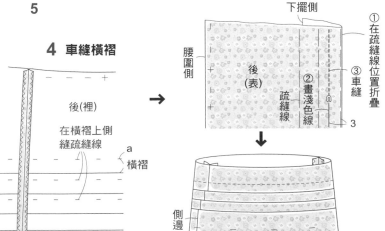

下擺側　腰圍側　後(表)　疏縫線　畫淺色線　①在疏縫線位置折疊　②畫淺色線　③車縫　3　側邊

縫製A字裙

迷你長度的A字裙 ♥

附圖片解說

no.6

迷你長度的A字裙也可搭配緊身褲來穿著。因為款式簡單，故可活用縫線的顏色當作裝飾焦點。

布料提供／コスモテキスタイル（COSMO TEXTILE）

製作／福田美穗

作法 ◎ P.16

no.7

版型和no.6一樣，但改用方格花紋布縫製。可體驗傳統服飾風格。

布料提供／コスモテキスタイル（COSMO TEXTILE）

製作／福田美穗

作法 ◎ P.16

▌no.8
重點在腰部的
A字裙 ♥

附圖片解說

腰部使用市售的斜紋布條，形
成製作簡單但款式卻時髦的設
計。因重點在於細稜燈芯絨的
格紋圖案，故這件裙子適合把
上衣放入裙內穿著。

布料提供／ホームクラフト(home craft)
斜紋布條提供／キャプテン(CAPTAIN)
製作／福田美穗

作法 ◉ P.16

15

■no.6的材料

① 表布 ② 接著芯
③ 拉鍊 ④ 裙鉤

no.6·7·8材料		S	M	L	LL
no.6 表布 (6.5盎司牛仔布)	110cm寬	1m20cm	1m20cm	1m30cm	1m30cm
no.7 表布 (棉)	110cm寬	1m20cm	1m20cm	1m30cm	1m30cm
no.8 表布 (細燈芯絨)	104cm寬	1m40cm	1m40cm	1m50cm	1m50cm
接著芯 (FV-2N)	5cm寬	25cm	25cm	25cm	25cm
拉鍊	20cm	1條	1條	1條	1條
裙鉤		1組	1組	1組	1組
no.8 鑲邊斜紋布條	1.5cm寬	70cm	80cm	80cm	90cm
●完成尺寸	腰圍	66cm	70cm	76cm	82cm
	no.6·7 裙長	42cm	43cm	45cm	46cm
	no.8 裙長	57cm	58cm	61cm	62cm

・實物大小的型紙：使用A、B面的no.6·7·8。

第14頁 ■no.7

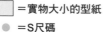

no.6·7·8型紙

= 實物大小的型紙
○ = S尺碼
○ = M尺碼
○ = L尺碼
○ = LL尺碼
● = 通用

鑲邊布no.6·7

※no.8是使用鑲邊斜紋布條

= 黏貼接著芯的位置

= 裁剪後做鋸齒縫的位置

第15頁 ■no.8

no.8的表布裁剪圖

表

後
1.5
3

23.5
3
(僅左)
1.5
前
3

140
140
150
150
cm

104cm寬

no.6·7的表布裁剪圖

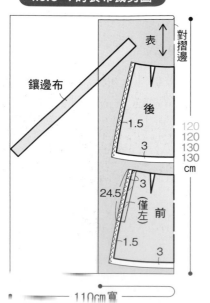

鑲邊布

對摺邊

表

後
1.5
3

24.5
3
(僅左)
前
1.5
3

120
120
130
130
cm

110cm寬

開始縫製前的準備

黏貼接著芯

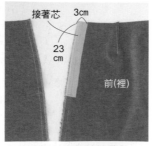

接著芯 3cm
23cm
前(裡)

在前裙片左側黏貼接著芯。

開始縫製

・這裡是用no.6的作品來進行圖片解說。

1＊車縫縫合褶

(裡)

1 插珠針固定縫合褶的角。

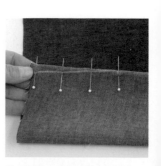

2 在縫合褶的前後之間再固定2支珠針。

3 從腰圍側先做回針縫，再開始車縫縫合褶。

4 車縫到珠針的前2㎝就先拔掉珠針，雙手抵住布車縫。車縫終點是離開布後再繼續車縫3~4針(空縫)。

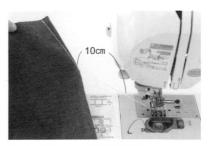

5 保留約10㎝的線再剪斷。

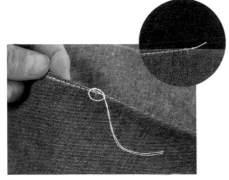

6 兩條線一起打結，保留1㎝剪掉。

7 為了避免破壞腹部的弧度，放在燙熨球上，把縫份倒向中心側用熨斗整燙。

縫好縫合褶的情形。

2＊縫合左側線

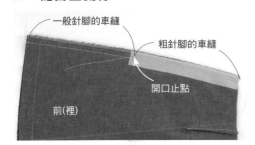

一般針腳的車縫
粗針腳的車縫
開口止點
前(裡)

參照第6頁左側線的縫法。

3＊車縫裝置拉鍊

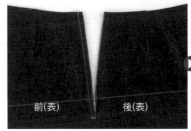

前(表)　後(表)
後(裡)　前(裡)

參照第7頁的拉鍊縫法。

4＊縫合右側線　5＊車縫下擺線

(裡)

參照第8頁的右側線縫法和下擺線縫法。

6 ＊ 裝置鑲邊布

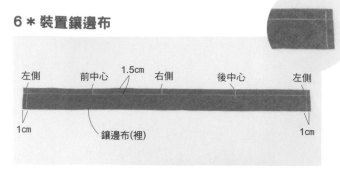
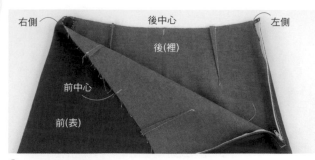

1 在鑲邊布的三邊畫線與拼合記號。

2 在裙片上畫接合記號。

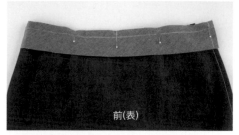
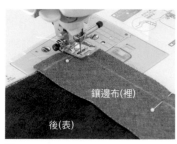

3 把鑲邊布和裙片左側的接合記號對齊，用珠針固定。

4 用珠針固定右側、前中心和後中心。其間再加入珠針固定。

5 把車縫針落在左側邊角。

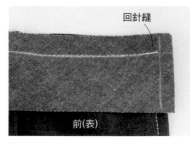
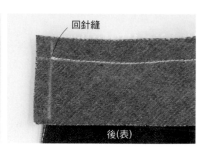

6 把鑲邊布和裙片縫在一起。

縫住鑲邊布的情形。

7 縫份朝上側，用熨斗從表側燙平縫線。

8 翻到裡側，把鑲邊布摺到縫份邊緣。

9 沿著車縫線折疊縫份，用熨斗燙平。

10 摺入邊端。打開鑲邊布重新折疊。

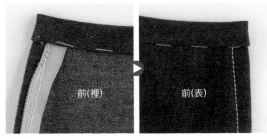

11 從裡側在鑲邊布邊緣手縫疏縫線。再從表側確認是否縫到裙片上。

12 從表側車縫鑲邊布的邊緣。

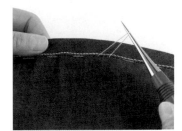

13 拆掉疏縫線。

縫好鑲邊布的情形。

7 ＊ 裝置裙鉤

參照第11頁的裙鉤裝置法。

完成

no.6

no.7

no.8

▌no.9

裝飾荷葉邊的A字裙 ♥

調整no.6裙子的長度,下擺再添
加碎褶荷葉邊就變得這麼漂亮。
而柔軟的聚酯印花布更添增幾許
嫵媚感。

製作╱鈴木節子

作法 ◉ P.21

no.9材料		S	M	L	LL
表布 (聚酯)	112cm寬	1m50cm	1m50cm	1m70cm	1m70cm
接著芯 (FV-2N)	5cm寬	25cm	25cm	25cm	25cm
拉鍊	20cm	1條	1條	1條	1條
裙鉤		1組	1組	1組	1組
●完成尺寸	腰圍	66cm	70cm	76cm	82cm
	裙長	52.5cm	53.5cm	56cm	57cm

・實物大小的型紙：使用A、B面的no.9。

no.9型紙

鑲邊布

no.9

- □ = 實物大小的型紙
- ● = S尺碼
- ● = M尺碼
- ● = L尺碼
- ● = LL尺碼
- ● = 通用

no.9的表布裁剪圖

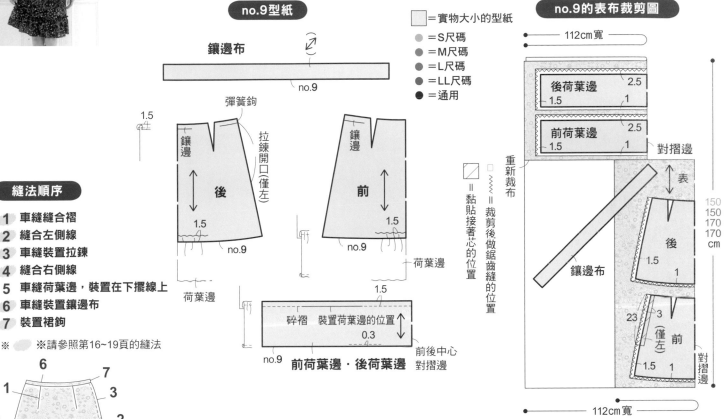

彈簧鉤
鑲邊
拉鍊開口(僅左)
後
1.5
no.9

鑲邊
前
1.5
no.9
荷葉邊

荷葉邊

1.5
碎褶　裝置荷葉邊的位置
0.3
no.9　前荷葉邊・後荷葉邊　前後中心 對摺邊

□ = 黏貼接著芯的位置
~~~ = 裁剪後做鋸齒縫的位置
重新裁布

112cm寬

後荷葉邊 2.5 / 1.5 1
前荷葉邊 2.5 / 1.5 1
對摺邊

表
後 1.5 1
鑲邊布
23 3 (僅左) 前 1.5 1
對摺邊

150 150 170 170 cm

112cm寬

縫法順序

1 車縫縫合褶
2 縫合左側線
3 車縫裝置拉鍊
4 縫合右側線
5 車縫荷葉邊，裝置在下擺線上
6 車縫裝置鑲邊布
7 裝置裙鉤

※ ※請參照第16~19頁的縫法

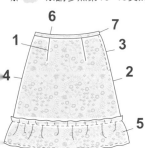

5 車縫荷葉邊，車縫裝置在下擺線上

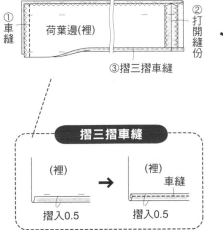

①車縫　荷葉邊(裡)　②打開縫份　③摺三摺車縫

摺三摺車縫

(裡) → (裡) 車縫
摺入0.5　摺入0.5

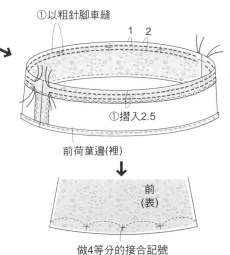

①以粗針腳車縫　1 2
①摺入2.5
前荷葉邊(裡)

前(表)
做4等分的接合記號

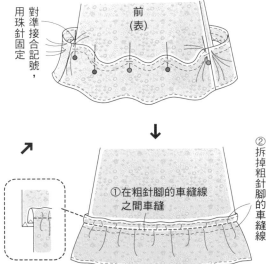

對準接合記號，用珠針固定
前(表)

①在粗針腳的車縫線之間車縫
②拆掉粗針腳的車縫線

▌no.10
迷你長度的口袋裙

大膽改造no.6的型紙，又裝置有
蓋的大口袋，成為平日方便穿著
的口袋裙。前裙片則以拼接做成
開叉的設計。

布料提供／ホームクラフト(home craft)
製作／鈴木節子

作法 ◉ P.24

■no.11
凸顯腰身的
口袋裙 ♥

活用no.10的款式，另在腰部
加裝腰帶環以凸顯腰身，然
後把口袋位置移到兩側，就
演變成基本款的口袋裙了。
布料提供／松田輪商店
製作／鈴木節子

作法 ◎ P.24

第23頁 ■ no.11

no.10·11材料			S	M	L	LL
no.10 表布 (彩色斜紋布)	112cm寬		1m40cm	1m40cm	1m50cm	1m50cm
no.11 表布 (麻)	132cm寬		1m40cm	1m40cm	1m60cm	1m60cm
接著芯 (FV-2N)	5cm寬		25cm	25cm	25cm	25cm
拉鍊	20cm		1條	1條	1條	1條
裙鉤			1組	1組	1組	1組
●完成尺寸		腰圍	66cm	70cm	76cm	82cm
		no.10 裙長	47cm	48cm	50.5cm	51.5cm
		no.11 裙長	57cm	58cm	61cm	62cm

·實物大小的型紙:使用A、B面的no.10·11。

□ =實物大小的型紙
● =S尺碼
● =M尺碼
● =L尺碼
● =LL尺碼
● =通用

no.10·11型紙

鑲邊布no.10·11

no.11
腰帶環(5片)
1.5
0.2

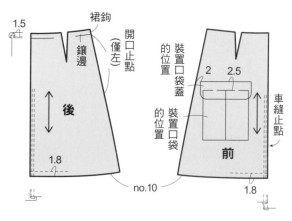

no.10

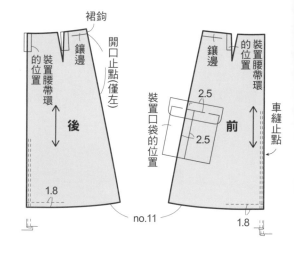

no.11

口袋蓋 no.10·11
1
0.8　0.2

口袋 no.10·11

1.8
4
車縫止點
0.2
8　0.8

前中心縫份的裁法

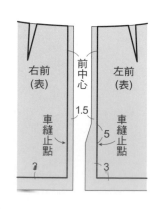

右前(表)　前中心　左前(表)
車縫止點　1.5　車縫止點
5
2　3

no.10的表布裁剪圖

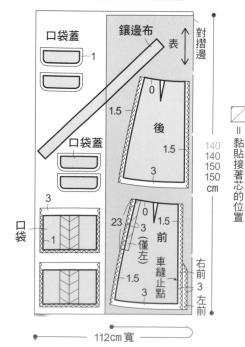

口袋蓋　1
鑲邊布　表　對摺邊
口袋蓋
口袋
3
後
1.5
3
23
0
3 (僅左)
前
1.5
車縫止點
1.5
3
右前 3 左前

= 黏貼接著芯的位置
= 裁剪後做鋸齒縫的位置

140
140
150
150
cm

112cm寬

no.11的表布裁剪圖

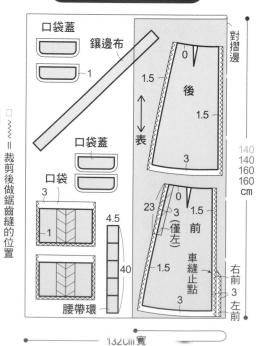

口袋蓋　1
鑲邊布　表
口袋蓋
口袋　1
後
0
1.5
1.5
3
4.5
40
腰帶環
23
0
3 (僅左)
1.5
前
1.5
車縫止點
3
右前 3 左前

140
140
160
160
cm

132cm寬

5 製作‧裝置有袋蓋的口袋

口袋蓋(裡)

口袋蓋(表)

車縫

↓

厚紙

從完成線的內側
0.1cm處裁剪

↓

no.10‧11的縫法順序

1 車縫縫合褶

2 縫合左側線

3 車縫裝置拉鍊

4 縫合右側線

5 製作‧裝置有袋蓋的口袋

6 縫合後中心線

7 車縫下擺線

8 車縫前中心，製作開叉

9 車縫裝置鑲邊布

10 製作‧裝置腰帶環(僅no.11)

11 裝置裙鉤

※ ▨ 請參照第16~21頁的縫法

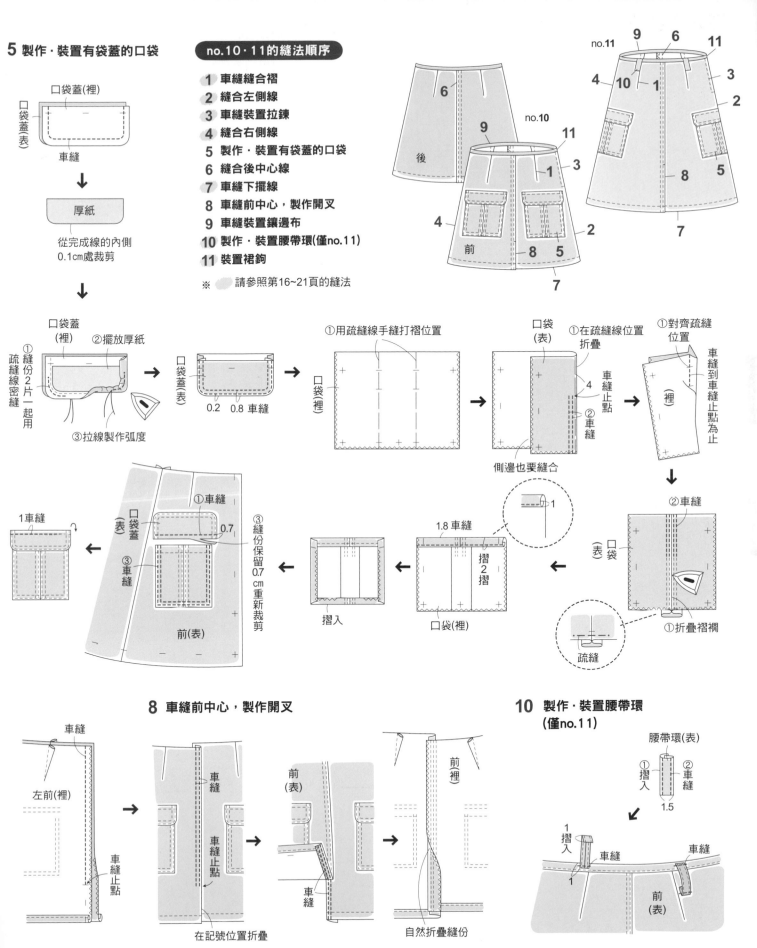

口袋蓋(裡) ②擺放厚紙

①縫份2片一起用 疏縫線密縫

③拉線製作弧度

口袋蓋(表)

0.2 0.8 車縫

①用疏縫線手縫打褶位置

口袋(裡)

側邊也要縫合

口袋(表)

①在疏縫線位置折疊

4

車縫止點

②車縫

①對齊疏縫位置

車縫到車縫止點為止

(裡)

②車縫

(表)口袋

①折疊褶襇

疏縫

1.8 車縫

摺2摺

口袋(裡)

摺入

1車縫

①車縫

口袋蓋(表)

0.7

③縫份保留0.7cm重新裁剪

③車縫

前(表)

8 車縫前中心，製作開叉

車縫

左前(裡)

車縫止點

車縫

車縫止點

在記號位置折疊

前(表)

車縫

自然折疊縫份

前(裡)

10 製作‧裝置腰帶環(僅no.11)

腰帶環(表)

①摺入

②車縫

1.5

①摺入

1

車縫

車縫

1

前(表)

no.11

9 6 11

4 10 1 3

2

8 5

7

no.10

6

9

後

11

1 3

4 8 5

前

7

25

縫製鬆緊帶的裙子

▌no.12

**2段拼接的
層次裙 ♥**

附圖片解說

這是使用鬆緊帶，作法又相當
簡單的裙子。而且在拼接的下
方打碎褶，更呈現俏麗的蓬鬆
模樣。

布料提供／ムーンストーン(MOON STONE)
製作／小澤のぶ子(Ozawa Nobuko)

作法 ◎ P.28

▌no.13
蕾絲邊的
層次裙 ♥

使用以蕾絲邊當布邊的麻質扇形飾邊布料來縫製。蕾絲部分被巧妙地配置在下擺，因而洋溢優雅的淑女風采。搭配牛仔褲或緊身褲來穿，也別有一番韻味。

布料提供／小泉ライフテツクス
　　　　　(KOIZUMI LIFETEX)
製作／小澤のぶ子
　　　(Ozawa Nobuko)

作法 ◉ P.28

▌no.14
3段拼接的
層次裙 ♥

這是組合2種雙色格紋布縫製的長版型層次裙。拼接部分分別點綴蕾絲，穿著模樣相當可愛。

布料提供／ホームクラフト
　　　　　(home craft)
蕾絲提供／Hamanaka
製作／千葉美枝子

作法 ◉ P.28

套頭上衣・披肩＝evam eva

第26頁 ■ no.12

no.12·13·14 材料		S	M	L	LL
no.12 表布 (棉)	112cm寬	1m20cm	1m20cm	1m30cm	1m30cm
no.13 表布 (棉質滾邊蕾絲)	106cm寬	1m70cm	1m70cm	1m90cm	2m
no.14 表布 (棉質提花格紋布)	110cm寬	1m40cm	1m40cm	1m50cm	1m50cm
no.14 別布 (棉質提花格紋布)	110cm寬	70cm	70cm	70cm	70cm
鬆緊帶	0.6cm寬	120cm	130cm	140cm	150cm
no.14 棉質蕾絲	1.8cm寬	2m50cm	2m70cm	2m90cm	3m10cm
	no.12 裙長	44cm	45cm	47cm	48cm
	no.13 裙長	62cm	63cm	66cm	67cm
	no.14 裙長	82cm	83cm	87cm	88cm

・實物大小的型紙：使用C、D面的no.12·13·14。

■ no.12 的材料

❶ 表布
❷ 鬆緊帶

第27頁 ■ no.13

第27頁 ■ no.14

□ =實物大小的型紙
● =S尺碼
● =M尺碼
● =L尺碼
● =LL尺碼
● =通用

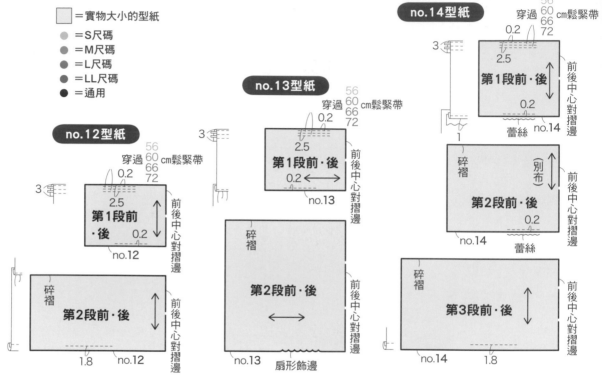

no.12型紙

no.13型紙

no.14型紙

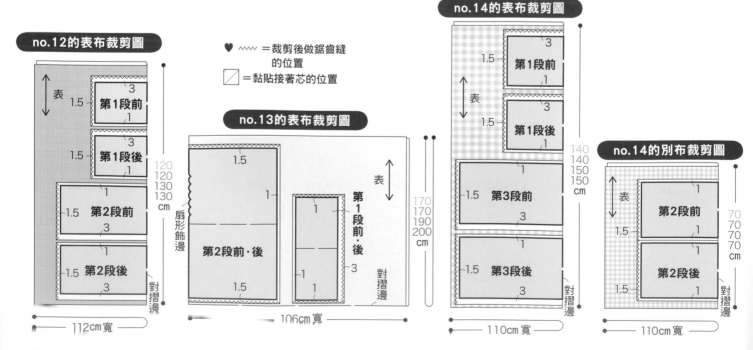

❤ ∿∿ =裁剪後做鋸齒縫的位置
▨ =黏貼接著芯的位置

no.12的表布裁剪圖

no.13的表布裁剪圖

no.14的表布裁剪圖

no.14的別布裁剪圖

⊕ 開始縫製 ⊕

· 這裡是用no.12的作品來進行圖片解說。

1 * 縫合第1段和第2段

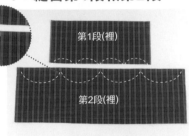

1 準備第1段和第2段。分別在4等分位置做接合記號。

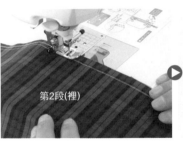
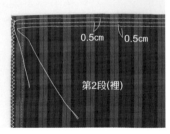

2 在第2段上用粗針腳車縫。把針距設定在最大,在完成線上下約0.5cm位置車縫。

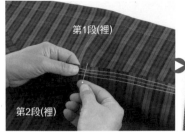

3 用珠針固定第1段和第2段的接合記號。

4 拉粗針腳的線,邊讓尺寸和第1段相同,邊形成碎褶。

5 車縫完成線。先用錐子在珠針和珠針之間均勻分配碎褶,然後車縫。

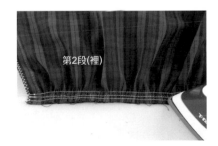

6 燙平縫份,讓碎褶平整。

7 為了壓住碎褶,在縫份邊緣車縫。

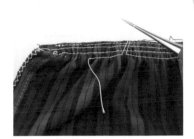

8 拉掉2條粗針腳的車縫線。

9 縫線轉盤設定在鋸齒縫,在縫份邊緣做鋸齒縫。

10 縫份倒向上側,用熨斗燙平縫線。

2 * 縫合側線

1 對齊前裙片和後裙片的表側，縫合側線。左側線的腰圍側縫份要保留鬆緊帶穿口不縫。

11 車縫縫線邊緣。後裙片也同樣車縫。

3 * 車縫下擺線

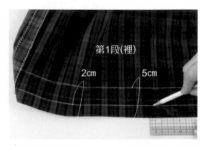

2 用熨斗燙平車縫線。

3 打開縫份，用熨斗整燙。

1 在距離布邊2cm和5cm的位置，分別用消失筆畫線。

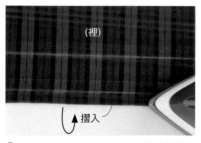

2 下擺邊緣對齊2cm線，用熨斗折疊。

3 接著對齊5cm線，再用熨斗折疊。

4 用珠針固定。

4 * 車縫腰圍線 · 穿鬆緊帶

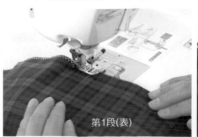

5 從左側線開始車縫縫份邊緣。參照第9頁步驟5的車縫法。

1 縫線轉盤設定在鋸齒縫，車縫腰圍的縫份邊緣。

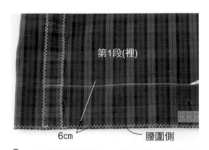

2 在距離腰圍邊6cm的位置，用消失筆畫線。

3 布邊對齊線，用熨斗折疊。

↑摺入

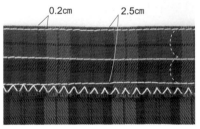

0.2cm　　2.5cm

4 腰圍是從左側線起車縫3條線。分別是距離邊緣0.2cm・2.5cm，以及這兩條車縫線的中間位置。

縫好腰圍的情形。

5 裁剪必要長度的鬆緊帶。為了避免鬆緊帶邊端鬆脫，用珠針固定在縫份上。

6 用穿繩器夾住鬆緊帶一端，從穿口穿過。

7 重疊1.5cm用珠針固定。

8 重疊部分做密藏針縫。

完成

no.12

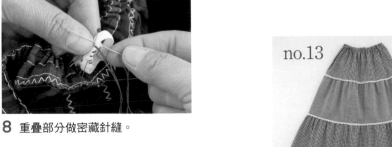

no.13

在拼接線上夾住蕾絲車縫。蕾絲裝置法參照49頁。

9 其下方也以同法穿鬆緊帶，做藏針縫。

no.14

下擺線是使用扇形飾邊。

▎no.15

雙色格紋布的簡裙　♥

這是使用雙色格紋布縫製的簡約款裙子。內搭下擺
有蕾絲邊的襯裙，營造純樸的自然風。

布料提供／安田商店　製作／駒野有紀子

作法 ☺ P.33

背心，罩衫／nyam eva／襯裙＝第60頁no.27的作品

▎no.16

人造絲印花布的迷你裙　♥

人造絲印花布的裙子最適合內搭牛仔褲了。
雖是使用no.15的型紙，但長度卻稍微縮短。

布料提供／岩瀨商店　製作／駒野有紀子

作法 ☺ P.33

頂鋪／MDM

縫製鬆緊帶的裙子

第32頁 ■ no.15

第32頁 ■ no.16

no.**15**·**16** 材料		S	M	L	LL
no.**15** 表布(棉)	110cm寬	1m40cm	1m40cm	1m50cm	1m50cm
no.**16** 表布(人造纖維)	110cm寬	1m30cm	1m30cm	1m40cm	1m40cm
鬆緊帶	0.6cm寬	120cm	130cm	140cm	150cm
●完成尺寸	no.**15**裙長	61cm	62cm	65cm	66cm
	no.**16**裙長	54cm	55cm	57.5cm	58.5cm

・實物大小的型紙：使用A、B面的no.15・16。

　　=實物大小的型紙
●=S尺碼
●=M尺碼
●=L尺碼
●=LL尺碼
●=通用

no.15·16型紙

穿過 56 60 66 72 cm鬆緊帶

2.5

前·後

前後中心對摺邊

1.8 no.16
1.8 no.15

no.15的表布裁剪圖

表

3
後
1.5
3

3
前
1.5
3

140 140 150 150 cm

對摺邊

110cm 寬

no.16的表布裁剪圖

□
〰 = 裁剪後做鋸齒縫的位置

表

3
後
1.5
3

3
前
1.5
3

130 130 140 140 cm

對摺邊

110cm 寬

No15·16的縫法順序

1 縫合側線

2 車縫下擺線

3 車縫腰圍・穿鬆緊帶

※　　請參照第29~31頁

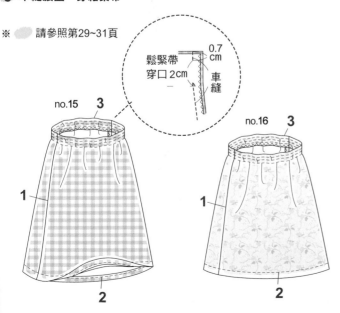

0.7 cm
鬆緊帶 穿口 2cm
車縫

no.15 3

no.16 3

第60頁no.26・27的蕾絲裝置法

no.26 折疊

no.27 打開

①車縫　蕾絲(裡)

折疊

前(表)　車縫

no.27 3

no.26 3

♥ 縫法順序參照第60頁

縫製打褶裙

▌no.17

色彩艷麗的打褶裙 ♥

附圖片解說

這是以膨鬆展開的版型來展現典
雅女人味的打褶裙。使用輕盈的
化纖棉布(cotton amundsen)縫
製，能看到美麗小腿的及膝長度
散發高尚品味。

布料提供／ホームクラフト(home craft)
製作／寺田志津香

作法 ◉ P.36

▋no.18
長度過膝的優雅
打褶裙 ♥

附圖片解說

將no.17稍微加長，呈現出穩重氣
氛。這是無論什麼年紀都能夠穿著
的一種款式。

布料提供／ダイワボウテックス(Daiwabo)
製作／中川雅子

作法 ◎ P.36

項鍊＝MDM／褲襪＝17℃(17℃ by Blondoll ルミネ(LUMINE)
新宿店)／鞋＝戴安娜(戴安娜銀座本店)

第34頁 ■no.17

第35頁 ■no.18

■no.17 的材料

❶ 表布 ❷ 羅緞緞帶
❸ 接著芯 ❹ 拉鍊
❺ 彈簧鉤

no.17・18材料

		S	M	L	LL
no.17 表布 (化纖棉布)	106cm寬	1m30cm	1m30cm	1m40cm	1m40cm
no.18 表布 (棉質提花布)	110cm寬	1m50cm	1m50cm	1m60cm	1m60cm
接著芯 (FV-2N)	5cm寬	25cm	25cm	25cm	25cm
羅緞緞帶	1.5cm寬	70cm	80cm	80cm	90cm
拉鍊	20cm	1條	1條	1條	1條
彈簧鉤		1組	1組	1組	1組
●完成尺寸	腰圍	66cm	70cm	76cm	82cm
	no.17裙長	53cm	54cm	56.5cm	57.5cm
	no.18裙長	60cm	61cm	64cm	65cm

・實物大小的型紙：使用C、D面的no.17・18。

□ =實物大小的型紙
● =S尺碼
● =M尺碼
● =L尺碼
● =LL尺碼
● =通用

no.17・18型紙

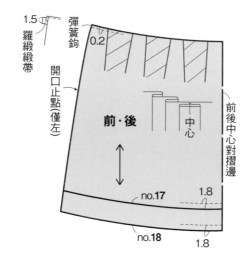

no.17・18的表布裁剪圖

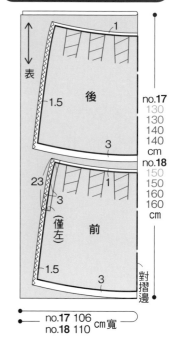

□ = 黏貼接著芯的位置

〰 = 裁剪後做鋸齒縫的位置

⊞ 開始縫製 ⊞ 這裡是用no.17的作品來進行圖片解說。

1＊折疊褶襉

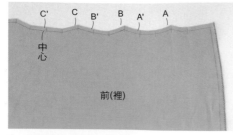

1 從前裙片裡側拉出褶襉。

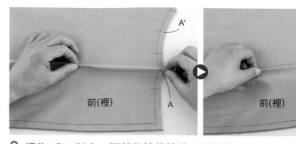

2 捏住A和A'對齊。腰部曲線的縫份必須整齊重疊對準。

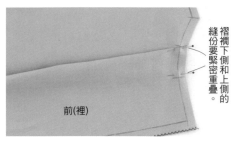

褶襉下側和上側的縫份要緊密重疊。

3 用珠針固定兩處。

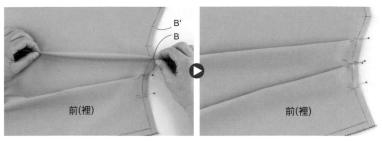

4 第2條褶襉以同法把B和B'對齊。第3條褶襉也以同法把C和C'對齊。

5 從中心朝相反側折疊褶襉。

6 用疏縫線縫住褶襉。在距離完成線0.1cm的縫份側密縫。

2＊縫合左側線
3＊車縫裝置拉鍊
4＊縫合右側線

參照第6頁的左側線縫法、第7頁的拉鍊縫法和第8頁的右側線縫法。

5＊車縫下擺線

參照第8頁的下擺線縫法。

6＊處理腰圍

1 沿著腰圍的完成線車縫一周，牢牢縫住褶襉。

2 拆掉疏縫線。

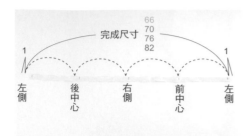

完成尺寸

66
70
76
82

1 ... 1

左側　後中心　右側　前中心　左側

3 以腰圍完成尺寸＋2cm(縫份)的長度裁剪羅緞緞帶，並做接合記號。

前(表)

羅緞
緞帶

4 把羅緞緞帶的邊端對齊腰圍車縫線，然後對準接合記號用珠針固定。

5 接著再用珠針緊密固定。

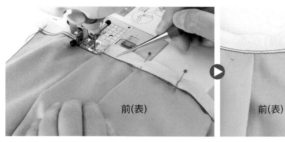

前(表)

前(表)　後(表)

6 在羅緞緞帶邊緣車縫一周。邊用錐子壓住褶襇。

前(裡)

7 裡側朝面前拿著，準備折疊羅緞緞帶的兩端。

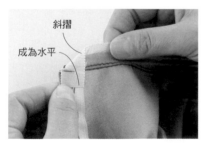

斜摺

成為水平

8 斜摺邊角。

折疊

9 把縫份折成三角形，用拇指壓著。

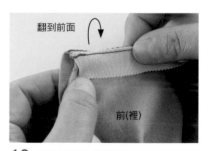

翻到前面

前(裡)

10 接著把羅緞緞帶翻到前面。

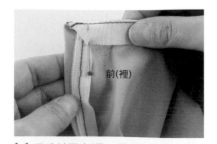

前(裡)

11 用珠針固定(另一端也以同法折疊)。

前(表)

12 從表側用珠針固定羅緞緞帶。

前(表)

13 在腰圍邊緣車縫一周。

縫好腰圍的情形。

7 ＊裝置彈簧鉤

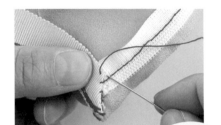
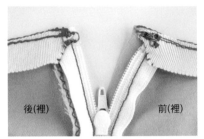

後(裡)　　　前(裡)

14 在羅緞緞帶的兩端做藏針縫。

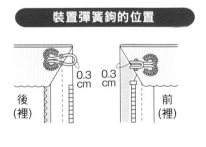

完成

no.17

裝置彈簧鉤的位置

0.3 cm　0.3 cm

後(裡)　　　前(裡)

※相反側相同

繞2~3次線

裝置彈簧鉤的方法

繞2~3次線

no.18

縫製抵腰拼接裙

█ no.19

基本款的 活褶裙 ♥

附圖片解說

抵腰拼接的活褶裙帶有傳統風。
本款是使用棉質斜紋布縫製。初
學者也能輕鬆上手。

布料提供／ホームクラフト(home craft)
製作／久保田昭代

作法 ◉ P.42

　鞋＝戴安娜(戴安娜銀座本店)

迷你長度的毛料活褶裙 ♥
附圖片解說

■no.20

把no.19修改成迷你長度。
並活用方格花紋表現活潑氣
息。素材是棉質布料。
布料提供／コスモテキスタイル
　　　　　（COSMO TEXTILE）
製作／久保田昭代

作法 ◉ P.42

■no.21

使用羊毛呢絨縫製no.19的裙
款，變成冬季穿著。這是百穿
不膩的基本款。
製作／久保田昭代

作法 ◉ P.42

第40頁 ■ no.19

第41頁 ■ no.20

第41頁 ■ no.21

■ no.19的材料

① 表布　② 接著芯
③ 拉鍊　④ 彈簧鉤

no.19·20·21材料			S	M	L	LL
no.19 表布 (棉質斜紋布)	112cm寬		1m50cm	1m50cm	1m60cm	1m60cm
no.20 表布 (棉布)	110cm寬		1m20cm	1m20cm	1m30cm	1m30cm
no.21 表布 (薄毛料)	110cm寬		1m50cm	1m50cm	1m60cm	1m60cm
接著芯 (FV-2N)	90cm寬		30cm	30cm	30cm	30cm
拉鍊	20cm		1條	1條	1條	1條
彈簧鉤			1組	1組	1組	1組
●完成尺寸		腰圍	66cm	70cm	76cm	82cm
		no.19·21裙長	57cm	58cm	61cm	62cm
		no.20裙長	42cm	43cm	45cm	46cm

· 實物大小的型紙：使用C、D面的no.19·20·21。

no.19·20·21型紙

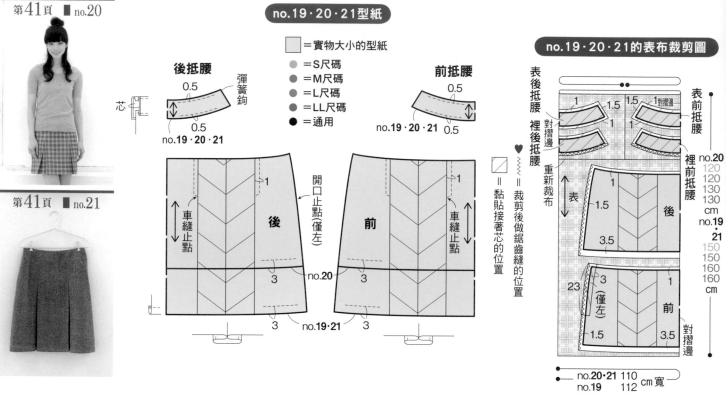

□ =實物大小的型紙

● =S尺碼
● =M尺碼
● =L尺碼
● =LL尺碼
● =通用

no.19·20·21的表布裁剪圖

no.20 110 120 120 130 130 cm
no.19·21 150 150 150 160 160 cm

no.20·21 110cm寬
no.19 112cm寬

⊕ **開始縫製前的準備** ⊕

黏貼接著芯

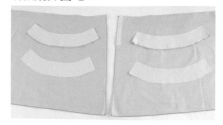

在抵腰和左前側線上黏貼接著芯。

⊕ **開始縫製** ⊕

1 ＊ 車縫部分的下擺線，車縫襞褶

1 在距離下擺邊緣的7cm位置畫線，對齊布邊用熨斗折疊。

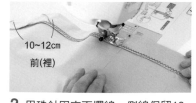

2 用珠針固定下擺線，側線保留10~12cm，從中央開始車縫。

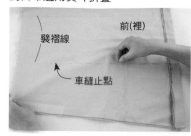

3 裡側朝上，從下擺線到車縫止點為止，用疏縫線縫住襞褶線。

4 翻回表側，沿著疏縫線用熨斗折疊襞褶(到車縫止點為止)。

5 把疏縫線的位置和疏縫線的位置彼此對齊，從車縫止點到腰圍側用珠針固定。

6 車縫襞褶。因車縫止點是施力點，故必須做回針縫。

7 折疊腰圍側的襞褶，用珠針固定縫份。

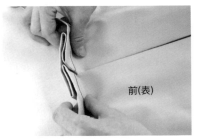

8 折疊下擺側的襞褶，用珠針固定。

9 雙手分別抓著腰圍側和下擺的襞褶，拉平整理。

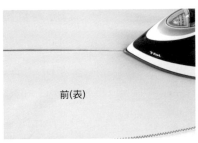

10 用熨斗折疊襞褶。

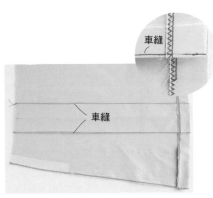

11 翻到裡側，僅在襞褶的左右邊緣車縫。

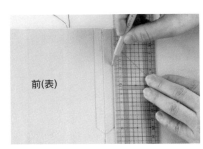

12 翻到表側，用消失筆畫車縫止點的車縫位置。

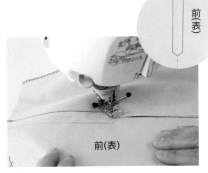

13 車縫到車縫止點為止。

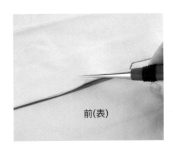

14 拆掉折山線的疏縫線。

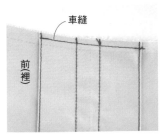

15 翻回裡側，為了穩定襞褶，在腰圍的縫份上車縫。

縫好襞褶的情形。後側也同樣車縫。

2＊車縫表抵腰

1 把前裙片和表抵腰表側重疊，用珠針固定完成線。

2 從抵腰側進行車縫。

3 縫份倒向腰圍側，在燙熨球上用熨斗燙平縫線。

3＊縫合左側線

1 把前後裙片的表側重疊，用珠針固定左側線。

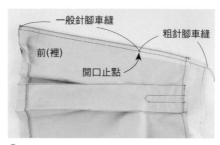

2 參照第6頁的左側線縫法。從下擺到開口止點為止，用一般針腳車縫，但從開口止點到腰圍為止，改用粗針腳車縫。

3 在燙熨球上，用熨斗打開縫份熨燙。

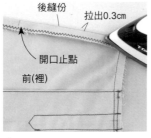

4 折疊側線，從抵腰到開口止點為止，把後縫份拉出0.3cm用熨斗燙平。

5 拆掉到開口止點為止的粗針腳車縫線。

4＊車縫裡抵腰

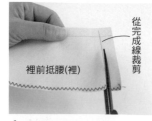

1 準備前裙片的裡抵腰，裁前左側線的縫份。

2 把裡前抵腰的邊緣對齊表前抵腰的折痕線，用珠針固定。

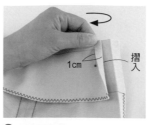

3 裡抵腰摺入1cm，用珠針固定。

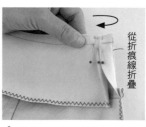

4 表抵腰在折痕線位置折疊，用珠針固定。

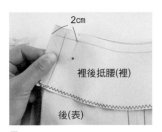

5 準備後裙片的裡抵腰。把表抵腰和裡抵腰邊緣對齊，用珠針固定。

6 裡抵腰摺入1.5cm，用珠針固定。

7 表抵腰邊緣是從折痕線位置折疊。

左右抵腰邊緣的縫份摺好的情形。

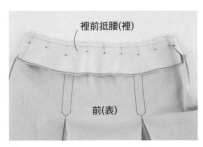

8 外腰圍的完成線上用珠針固定。後裙片也一樣。

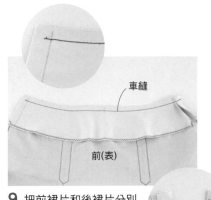

9 把前裙片和後裙片分別車縫。

10 用熨斗燙平車縫線，在縫份上每隔2cm打牙口。

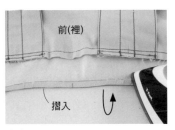

11 用熨斗把縫份折疊在車縫線位置。

12 抓住左側線的縫份，把裡抵腰翻到面前。

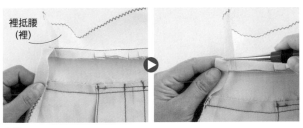

13 整理抵腰邊端。用錐子整理邊角。

5＊車縫裝置拉鍊

14 用熨斗確實整燙腰圍邊緣。

裡抵腰整齊縫好的情形。

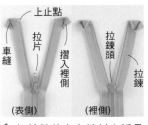

1 把拉鍊的布上端斜向折疊在上止點位置並且縫合。

2 把拉鍊裝置在後裙片上。從中心拉出0.3cm的布邊，對準腰圍下0.7cm位置，用珠針固定。

3 在距離布邊約0.3cm的位置，用疏縫線縫住拉鍊。

4 車縫布邊。

5 車縫到抵腰的拼接線為止，以插著針的狀態抬高壓布腳，用錐子插入拉片的洞裡。

6 把拉片移動到壓布腳下側，重新放下壓布腳繼續車縫剩餘部分。

縫住後側拉鍊的情形。

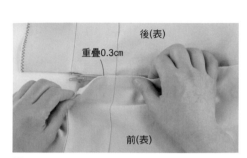

7 前裙片和後裙片重疊0.3cm。

8 用珠針固定數處，再用疏縫線縫住布邊。

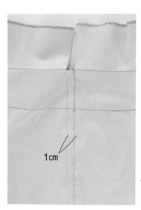

9 用消失筆在1cm位置上畫線。

10 從開口止點位置做回針縫。到邊角處以插針狀態抬高壓布腳，將布旋轉90度，再繼續車縫。

11 車縫到抵腰的拼接線位置為止，然後以插針狀態抬高壓布腳，把拉鍊頭移動到壓布腳下側，再繼續車縫剩餘部分。

裝好拉鍊的情形。

6＊右側線持續車縫到 裡抵腰為止

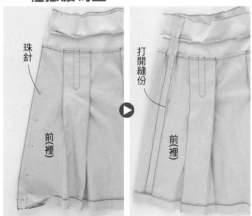

珠針

前裡

打開縫份

前裡

參照第8頁的縫法。

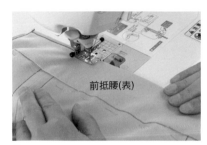

前抵腰(表)

3 從表側開始車縫腰圍邊緣和拼接線邊緣。

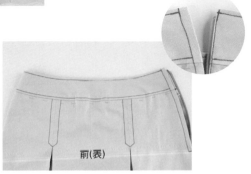

前(表)

縫好抵腰的情形。

7＊整理裡抵腰

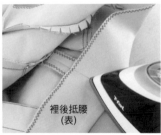

裡後抵腰（表）

1 裡抵腰折疊在完成線上，用熨斗燙平。

後（裡）

疏縫

2 用珠針固定，用疏縫線縫住縫份邊緣。

4 用密藏針縫把拉鍊旁的裡抵腰邊緣整齊縫好。

8＊車縫剩餘的下擺線

（表）

車縫

車縫下擺未縫的部分。參照第42頁的下擺線縫法。

9＊裝置彈簧鉤

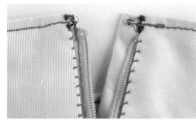

參照第39頁的裝置法。

完成

no.19

no.20

no.21

打碎褶的蓬蓬裙 ♥

■no.22

在抵腰下方打碎褶，把no.19
的裙款稍做變化。這裡是使用
觸感良好的粗棉布來縫製。

布料提供／安田商店
製作／千葉美枝子

作法 ◉ P.49

■no.23

改變no.22的布料，並在美麗的
深紫色上點綴蕾絲，成為搶眼
的裝飾重點。素材是棉質人字
花紋布。

布料・蕾絲提供／ホームクラフト
(home craft)
製作／千葉美枝子

作法 ◉ P.49

第48頁 ■ no.22

第48頁 ■ no.23

no.22·23材料		S	M	L	LL
no.22 表布 (粗棉布)	123 cm寬	1m50cm	1m50cm	1m60cm	1m60cm
no.23 表布 (棉質人字花紋布)	102 cm寬	1m50cm	1m50cm	1m60cm	1m60cm
no.23 棉質蕾絲	2 cm寬	1m20cm	1m20cm	1m30cm	1m30cm
接著芯 (FV-2N)	90 cm寬	30cm	40cm	50cm	50cm
拉鍊	20 cm	1條	1條	1條	1條
彈簧鉤		1組	1組	1組	1組
●完成尺寸	腰圍	66cm	70cm	76cm	82cm
	裙長	57cm	58cm	61cm	62cm

・實物大小的型紙：使用C、D面的no.22·23。

□ =實物大小的型紙
● =S尺碼
● =M尺碼
● =L尺碼
● =LL尺碼
● =通用

no.22·23型紙

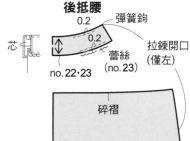

▨ = 黏貼接著芯的位置
⌇⌇⌇ = 裁剪後做鋸齒縫的位置

no.22·23的表布裁剪圖

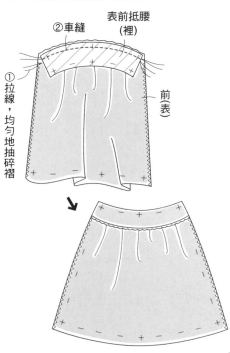

● no.22 123 cm寬
● no.23 102 cm寬

no.22·23的縫法順序

1 在前裙片和表前抵腰分別做拼合記號。
用粗針腳車縫前裙片(後裙片同法操作)
2 在表抵腰裝置蕾絲(僅no.23)
3 縫合表前抵腰和前裙片
4 縫合左側線
5 車縫裝置拉鍊
6 縫合右側線
7 整理裡抵腰，在拉鍊部分做藏針縫。
8 車縫下擺線
9 裝置彈簧鉤

※ ● 請參照第42~47頁的縫法

在前裙片和表前抵腰分別做拼合記號。
用粗針腳車縫前裙片(後裙片同法操作)

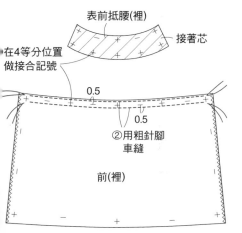

2 在表抵腰裝置蕾絲(僅no.23)

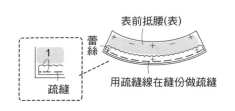

3 縫合表前抵腰和前裙片

49

縫製前開式的裙子

▊no.24
化纖夏服布料的
清爽裙子 ♥

附圖片解說

這件清爽的裙子是使用化纖夏服布料所縫製的。前開扣的設計不僅容易穿著，也是俏麗的裝飾重點。兩側的大貼袋兼具功能性和灑脫感。腰部再繫上用同樣布料製作的蝴蝶結。

製作／寺田志津香

作法 ◉ P.52

▌no.25
花卉圖案的可愛裙子 ♥

附圖片解說

把no.24的長度加長一些。可愛的
花卉圖案布料也令人印象深刻。

布料提供／ダイワボウテックス(Daiwabo)
製作／寺田志津香

作法 ◉ P.52

♥ 腰部不繫蝴蝶結，穿起來
顯得很瀟脫俐落。

第50頁 ■ no.24

第51頁 ■ no.25

no.24·25材料

		S	M	L	LL
no.24 表布 (化纖夏服布料)	112cm寬	1m80cm	1m80cm	1m90cm	1m90cm
no.25 表布 (棉)	110cm寬	1m80cm	1m80cm	1m90cm	1m90cm
no.24 接著芯 (FV-2N)	90cm寬	60cm	60cm	60cm	60cm
no.25 接著芯 (FV-2N)	90cm寬	70cm	70cm	70cm	70cm
no.24 鈕扣	直徑1.8 cm	5個	5個	5個	5個
no.25 鈕扣	直徑1.8 cm	6個	6個	6個	6個
●完成尺寸	腰圍	64cm	68cm	74cm	80cm
	no.24裙長	51cm	52cm	54.5cm	55.5cm
	no.25裙長	64cm	65cm	68cm	69cm

·實物大小的型紙：使用C、D面的no.24·25。

■no.24的材料

❶表布　❷接著芯
❸鈕扣

= 實物大小的型紙
● = S尺碼
● = M尺碼
● = L尺碼
● = LL尺碼
● = 通用

no.24·25型紙

裙頭

no.24·25　0.2

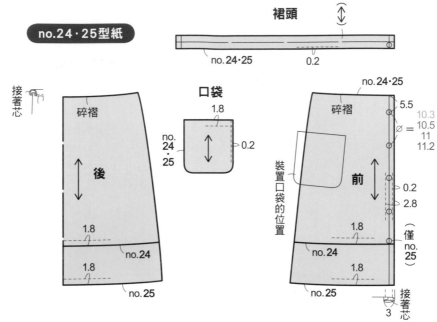

接著芯

碎褶

後

1.8

no.24

1.8

no.25

口袋

1.8

no.24·25　0.2

碎褶

前

5.5
⌀ = 10.3 / 10.5 / 11 / 11.2

0.2
2.8

(僅 no.25)

裝置口袋的位置

1.8

no.24

1.8

no.25

3　接著芯

no.24·25

0.2

蝴蝶結

對摺邊

對摺邊

no.24的表布裁剪圖

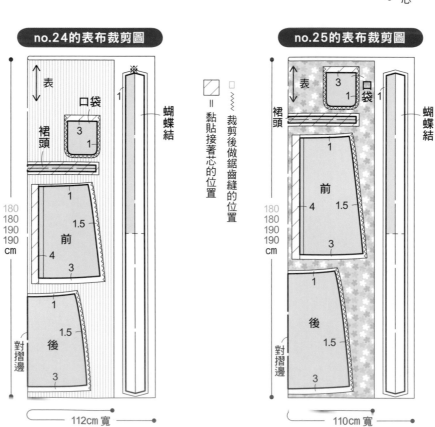

表

口袋

裙頭

3
1

前

1
1.5
4
3

後

1
1.5
3

對摺邊

蝴蝶結

180 180 190 190 cm

112cm 寬

= 黏貼接著芯的位置

～ 裁剪後做鋸齒縫的位置

no.25的表布裁剪圖

表

3
1 袋 1

裙頭

前

1
4　1.5
3

後

1
1.5
3

對摺邊

蝴蝶結

180 180 190 190 cm

110cm 寬

⊞ 開始縫製前的準備 ⊞

黏貼接著芯

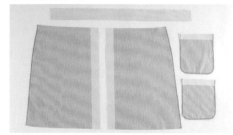

在內貼邊・裙頭和袋口處分別黏貼接著芯。參照第5頁的接著芯黏貼法。

⊞ 開始縫製 ⊞

1＊ 製作口袋

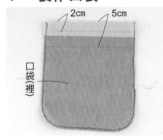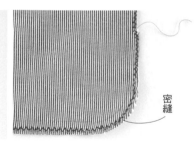

1 用消失筆在袋口上分別畫2cm和5cm的線。曲線縫份用疏縫線密針手縫。

2 把袋口的布邊對齊2cm線，用熨斗折疊。

3 接著對齊5cm線，再次折疊。

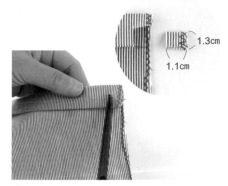

4 剪掉兩端的縫份。

5 車縫縫份邊緣。

6 在厚紙上畫口袋型紙，從線內側0.1cm的位置剪掉。

7 把厚紙擺放在裡側上，摺入口袋的側面用熨斗燙平。

8 接著折疊口袋底部，邊拉疏縫線，邊用熨斗折疊曲線的縫份。

9 等散熱後，拿掉厚紙。完成口袋。

10 在布裡側的口袋記號上，用複描器劃上痕跡。若是不易看到痕跡的花紋布料，可用單面粉土紙在布表側的完成線內側0.2~0.3cm處劃痕跡。

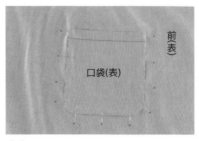

11 對準記號，用珠針固定口袋。

12 在口袋周圍車縫。袋口是施力點，故要確實回針縫。

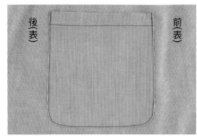

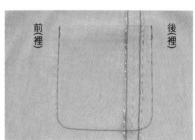

裝上口袋的情形

2 ＊ 車縫下擺線

參照第8頁下擺線的縫法。

3 ＊ 車縫前端線

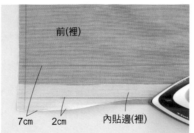

1 在距離內貼邊2cm和7cm的位置上，分別用消失筆畫線。布邊對齊2cm線，用熨斗折疊。

2 接著對齊7cm線，再次用熨斗折疊。

3 用珠針固定。

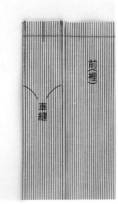

4 車縫前裙片邊緣和內貼邊邊緣。

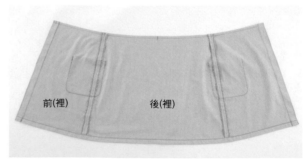

縫好前裙片邊緣線的情形。

4 * 裝置裙頭

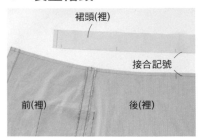

1 在裙頭和裙片上分別做接合記號。

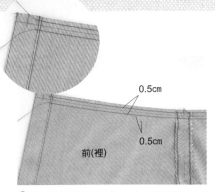

2 把針距調到最大,在腰圍線上下0.5cm的位置,分別進行粗針腳車縫。

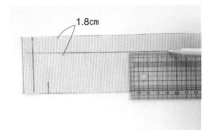

3 用消失筆在裙頭畫線。

4 把布邊對齊線,用熨斗折疊。

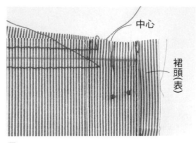

5 對齊裙頭和裙片上的接合記號,用珠針固定。

用珠針固定好的情形。

6 拉粗針腳的車縫線抽碎褶。使裙頭和裙片的尺寸相同。

7 車縫腰圍線。車縫到內貼邊為止,並保持在插針的狀態。

8 使用錐子,均勻分佈碎褶。

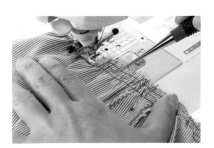

9 邊用左手壓住碎褶,邊車縫到下一根珠針為止。反覆如此車縫一周。

10 只在縫份邊燙熨斗,讓碎褶平整。

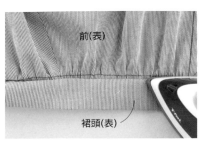

11 縫份翻到裙頭側,用熨斗燙平車縫線。拆掉粗針腳的車縫線。

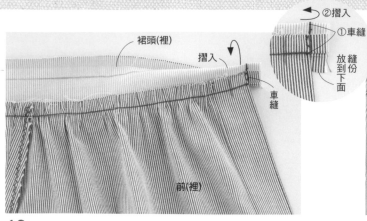

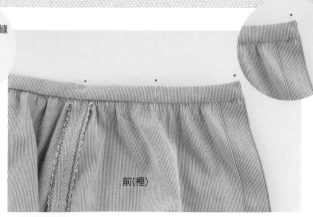

12 車縫裙頭邊緣。把裙頭摺向後側車縫邊緣。折疊縫份，以捏著的狀態翻回表側。

13 整理縫份，用珠針固定。用疏縫線手縫裙頭布邊。

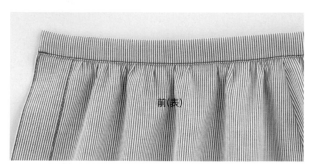

確認表側的疏縫線位置有否縫到裙頭下方(裙片上)。

14 從前裙片的表側車縫裙頭邊緣。裙頭縫好的情形。

5 ＊縫製蝴蝶結

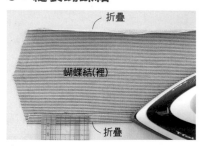

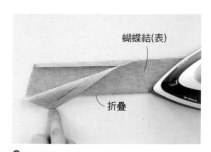

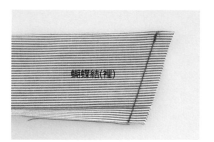

1 上下兩邊分別用熨斗折入1cm。

2 接著對齊上下兩邊，用熨斗折疊。

3 翻到裡側斜向車縫。

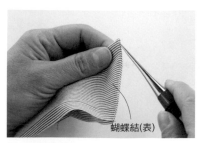

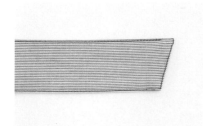

4 折疊縫份，用熨斗燙平。角多出的部分摺入內側，以捏住縫份的狀態翻回表側。

5 用錐子整理邊角。

6 縫份摺入完成線中，周圍進行車縫。

6＊製作鈕扣孔，裝置鈕扣

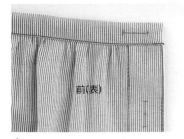

前(表)

1 用消失筆在鈕扣孔位置做記號。

2 拆下壓布腳，改裝「鈕扣孔壓布腳」。把縫線轉盤設定在鈕扣孔位置。為了確認開始位置，先在練習布上試試看，在開好鈕扣孔後，還要確認鈕扣是否穿得過去。試過後才正式製作鈕扣孔。

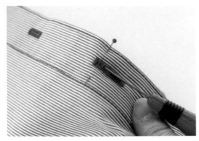

3 使用拆線器劃開孔。邊端用珠針固定，當作制動器。

完成鈕扣孔的情形。

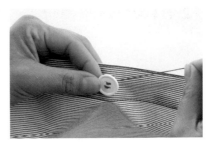

4 裝置鈕扣。

鈕扣孔的決定法

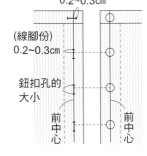

(線腳份)
0.2~0.3cm

(線腳份)
0.2~0.3cm

鈕扣孔的大小

前中心　前中心

鈕扣孔的大小

鈕扣孔的大小是依鈕扣大小和厚度來改變。

直徑　＋　厚度　＝　鈕扣孔的大小

※ 所謂線腳份是指固定鈕扣時，顧及布料厚度保留的尺寸。

線腳

缺乏線腳份會很難扣上鈕扣

鈕扣裝置法

0.2~0.3cm
線腳
打結

→

穿2~3次

→

不留空隙地捲繞數次

↓

線腳

←

刺穿2~3次

←

固定最後捲好的線

打結，把線穿進布中再剪斷

完成

no.24

no.25

閉合時，完全看不見鍊齒的咬合部分，完成後就像是拼接線一樣美觀。

隱形拉鍊

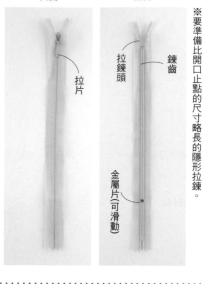

表側　　裡側

拉片

拉鍊頭

鍊齒

金屬片(可滑動)

※要準備比開口止點的尺寸略長的隱形拉鍊。

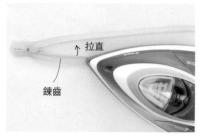

鍊齒　　拉直

1 打開拉鍊時鍊齒部分會捲曲，可用熨斗使鍊齒拉直。

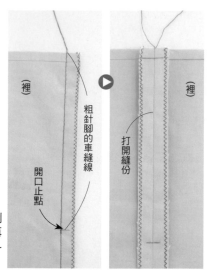

(裡)　　(裡)

粗針腳的車縫線

開口止點

打開縫份

2 用粗針腳車縫到開口止點位置，再打開縫份，用熨斗燙平。

厚紙

(裡)

3 縫份下方墊厚紙，把拉鍊對齊車縫線中心，用珠針固定。

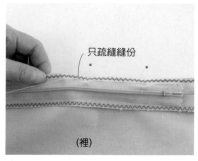

只疏縫縫份

(裡)

4 只在縫份上，用疏縫線手縫拉鍊邊緣。

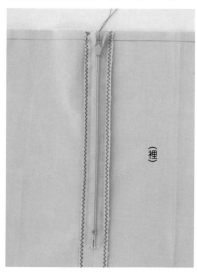

(裡)

5 相反側也以同法疏縫。

6 拆掉粗針腳的車縫線。

(裡)

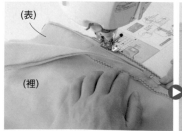

(表)

(裡)

7 縫合拉鍊邊緣和縫份。車縫在疏縫線旁。

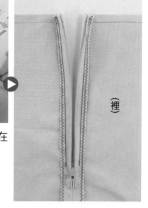

(裡)

隱形壓布腳
·可在手工藝品店買到

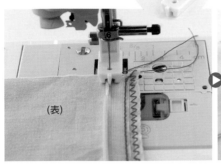

(表)

金屬片

開口止點

8 壓布腳換成隱形壓布腳。在左側軌道上塞入鍊齒車縫。拉鍊要平坦。把金屬片滑動到最下方。

9 車縫到開口止點記號的下面一針處。進行回針縫。

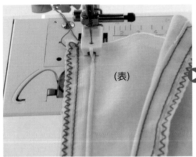

(表)

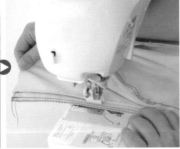

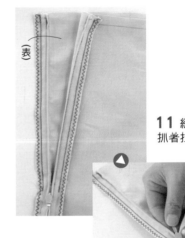

(表)

11 縫好的情形。抓著拉片閉合拉鍊。

10 車縫相反側。把鍊齒塞入右側軌道上，以同法車縫。

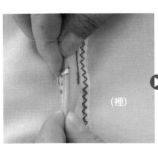

(裡)

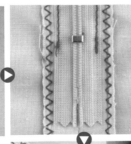

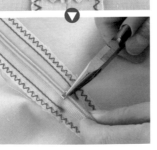

12 把金屬片滑動到開口止點位置。用鉗子輕壓固定。

(表)

開口止點

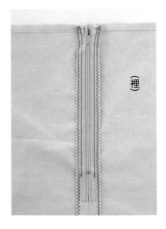

(裡)

裝好隱形拉鍊的情形。

縫製襯裙

棉質素材的襯裙 ♥
作法 ◉ P.60

■no.27

在白色的襯裙下擺添加寬邊蕾絲。當內搭穿著時，讓蕾絲從裙擺處露出，展現十足的魅力。

布料提供／安田商店
蕾絲提供／Hamanaka
製作／駒野有紀子

■no.26

非常方便穿著的黑色襯裙。素材使用上等細棉布。下擺則點綴較樸素的蕾絲。
蕾絲提供／Hamanaka
製作／駒野有紀子

no.26·27材料		S	M	L	LL
no.26 表布（上等細棉布）	110cm寬	1m	1m	1m 10cm	1m 10cm
no.27 表布（上等細棉布）	110cm寬	1m 40cm	1m 40cm	1m 50cm	1m 50cm
no.26 棉質蕾絲	2cm寬	1m 20cm	1m 20cm	1m 40cm	1m 50cm
no.27 棉質碎褶蕾絲	6cm寬	1m 30cm	1m 30cm	1m 40cm	1m 50cm
鬆緊帶	0.6cm寬	120cm	130cm	140cm	150cm
●完成尺寸	no.26裙長	39cm	40cm	42cm	43cm
	no.27裙長	61cm	62cm	65cm	66cm

· 實物大小的型紙：使用A、B面的no.26·27。

♥ ⌇⌇⌇ ＝裁剪後做鋸齒縫的位置

no.26·27的表布裁剪圖

110cm寬

表

1.5 前
1 3
對摺邊

1.5 後
1 3

100
100
110
110
cm
no.26

140
140
150
150
cm
no.27

□ ＝實物大小的型紙
● ＝S尺碼
● ＝M尺碼
● ＝L尺碼
● ＝LL尺碼
● ＝通用

no.26·27型紙

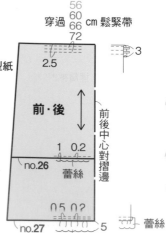

56
60
66
72
cm 鬆緊帶

穿過

2.5

前·後

前後中心對摺邊

1 0.2
no.26
蕾絲

0.5 0.2
no.27
5

蕾絲
蕾絲

縫法順序

1 縫合側線

2 在下擺線裝置蕾絲（參照第33頁）

3 車縫腰圍，穿過鬆緊帶

※ 請參照第29~31頁的縫法

量身的方法和參考尺碼表

女裝的參考尺碼表

單位：cm

	S (7號)	M (9号)	L (11号)	LL (13号)
腰圍	58	64	72	76
臀圍	84	88	94	98
腰長	18	19	20	21
身高	158		164	

◆ 量身的方法…以自然的姿勢站立，使用布尺正確測量胸圍
・腰圍・臀圍和背長等。

準備的用具

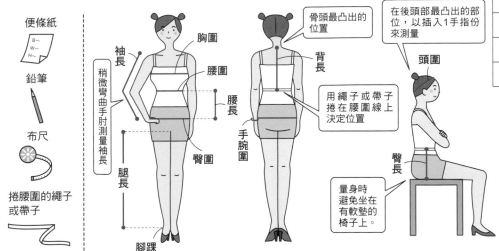

便條紙
鉛筆
布尺
捲腰圍的繩子或帶子

袖長
稍微彎曲手肘測量袖長
腿長
腳踝

胸圍
腰圍
腰長
臀圍

骨頭最凸出的位置
背長
用繩子或帶子捲在腰圍線上決定位置
手腕圍

在後頭部最凸出的部位，以插入1手指份來測量
頭圍

臀長
量身時避免坐在有軟墊的椅子上。

製圖記號

	完成線	← →	布紋(以縱紋貫穿箭頭方向)
	導引線	弧線	等分線，有時也是表示同尺寸的記號
	貼邊線	∅ ● ○ × △	型紙彼此以同尺寸對齊的記號
	折山線	∟	直角的記號
	裁成對摺邊記號	◡ 鈕釦	╆ 按釦

定型褶的折疊法
(從斜線的高處往低處折疊布料)

a b
a b
a b
a b

有關完成尺寸的表記

◆ 本書刊載的作品，其完成尺寸是依據下記量身方式表記。
◆ 完成尺寸並不包含蕾絲。

衣長的狀況

襯衫袖的情形
從後領圍線和肩線的接合點到下擺的長度

連肩袖的情形

細肩帶的情形
從後領圍線的中央到下擺線的長度

袖長　胸圍　後
袖長　後
胸圍　後　注 扣除肩帶部分

裙子的狀況
褲子的狀況

裙長・褲長…從上端到下擺的長度

裙長　前
臀圍　前　褲長

⊞ 應該具備的便利用具 ⊞

提供 ★＝CLOVER　　★＝FUJIX　　★＝BROTHER販售　　★＝TEFAL　　★＝CAPTAIN

製作型紙的必要道具

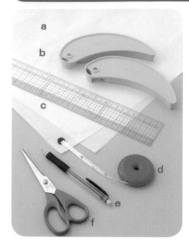

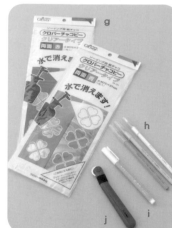

a 描圖紙
用來臨摹實物大小的型紙。紙質薄又結實，筆跡不會滲透。

b 壓布的重物★
畫實物大小的型紙時，用來壓住紙張防止移動。

c 方格尺★
透明又有平行線，可正確畫垂直線或縫份的直尺。

d 布尺★
使用玻璃纖維製造，可永久保持正確的量尺。

e 自動鉛筆
畫實物大小型紙時使用。筆蕊使用較硬的H筆心為宜。

f 剪紙剪刀★
剪紙專用剪刀。裁剪描圖紙時使用。

**g 粉土複寫紙
（雙面・單面）★**
畫上實物大小型紙，或者在布料做記號時使用。布上的記號可用水溶性的種類，使用時會更方便。

h 粉土筆★

i 消失筆★
在布料上畫拼合記號或線時使用。記號用沾濕的布即可擦拭。

j 複描器★
利用複寫紙在布料上畫型紙時使用。因為輪齒不銳利，故做記號時不會損壞型紙或複寫紙。

縫紉的必要道具

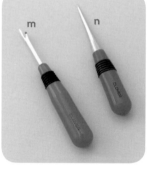

k 剪布剪刀★
容易握住，長時間使用也不疲勞。銳利感也能長久保持。

l 剪線剪刀★
感覺輕巧、便利，刀尖能正確咬合的高品質剪刀。

m 拆線器★
可割斷剪刀不容易作業的鈕扣線，也方便拆掉縫線、疏縫線等。

n 錐子★
整理邊角、車縫時幫忙送布、拆線等精細作業時使用。

o 針插★
在棉布中填充手藝棉花的針插。

p 珠針★
玻璃頭的極細針，適合用於薄布料。

q 疏縫線★
在車縫前，以手縫輕輕縫合的棉線。一次取一條使用。

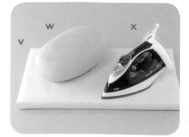

r 寬幅穿繩器★
15mm以上的鬆緊帶也能牢牢夾住順利貫穿。

s 穿繩器(夾取式)★
以夾住鬆緊帶的方式貫穿。

t 穿繩器(附玻璃珠)★
以綁住鬆緊帶的方式貫穿。

**u 電腦縫紉機★
B-500**
讓車縫前的準備變簡單。車縫線美觀又牢固。

v 整燙板
選擇表面堅硬者為宜。因若有凹陷，熨斗的傳熱即無法均勻。使用時要加布套以免表面髒污，一旦髒污明顯要立即換洗。

w 燙熨球
整燙有弧度的縫份或者立體部位時使用的整燙台。沒有時，可用毛巾包廁紙取代。

x 熨斗★
能輕鬆切換強力蒸氣或乾燙的熨斗最方便。是從途中到最後修飾都常需要整燙的縫紉作業不可或缺的工具。

布料的種類

寬幅棉質布
有光澤的平織棉織品。由於是容易處理的素材,故能廣泛使用在罩衫或洋裝等式樣上。

麻布
透氣性佳,穿起來清爽舒服。是從植物(亞麻)的莖採取纖維製作而成的。

雙層紗布
平織,感覺柔軟的棉質布料。從成人服飾到嬰兒服都常使用。

牛仔布
布的表面能看到斜波紋的結實布料。

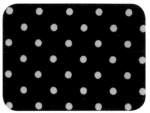

聚酯纖維
輕盈、耐皺,穿起來舒適。

燈芯絨
直紋上有稜線的布料。有不同毛色種類,一般以單一方向裁剪。

布料表‧裡的分辨法
‧布邊有文字時,以可閱讀的那面為表。
‧布邊有凸起小洞的那面為表(但進口布等有時例外)
‧印花顏色較深的那面為表。

SUDA   MADE in JAPAN   hti

布料的處理法

因棉‧麻等天然纖維具有吸水和縮水的性質,故裁剪前先輕輕水洗進行預縮作業。並趁半乾時用熨斗乾燙,邊整理布紋邊稍微整平皺褶。

水

泡水約1小時

(裡)

陰乾

(裡)

趁半乾時整理布紋。

使用的針和線

車縫線
SchappeSpun一般用60號★
聚酯的結實車縫線幾乎可使用在所有素材上。若找不到和布料同色的線,則淺色布使用顏色更淺的線,深色布使用顏色更深的線即可。

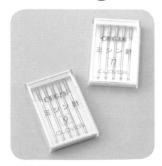

車縫針
9號、11號的車縫針★
薄的細棉布、巴里紗棉布等布料使用9號車縫針,而一般的寬幅棉質布、麻布、軟牛仔布則使用11號車縫針。

手縫針
美國針7、8★
較薄的布料用美國針8,一般布料使用美國針7。

手縫線
縫鈕扣用線、手縫線
手縫用的聚酯線,從一般布料到厚一點的布料都能縫。

表布裁剪圖的標示說明

· 本書的實物大小型紙不含縫份。
縫份尺寸記載在作法頁的『表布裁剪圖』上。

▢ = 實物大小的型紙

♥ ∿∿ = 裁剪後做鋸齒縫的位置

▨ = 黏貼接著芯的位置

型紙從「對摺邊」的位置翻面展開裁剪部件

刊載在實物大小型紙上的部件方向。要翻面。
後

布紋線（縱紋）

裁布的位置

縫份尺寸

無縫份尺寸指示時就在完成線上裁剪

所謂「對摺邊」是指布連成一塊的狀態。亦即布要在「對摺邊」的位置對摺後才裁剪。

對摺邊

荷葉邊
對摺邊
表
後
1.5
2.5

前裙頭
後裙頭
開口止點
（僅左）
2
1
前
1.5
2.5

布邊

完成線

110cm寬（布寬）

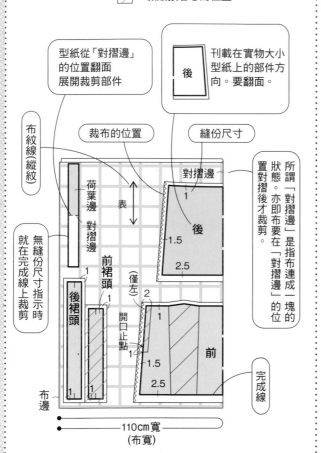

有關布料的方向

· 縱紋…織布時的縱線方向。因較無延展性，故以縱紋裁剪縫製的衣服較平整不易走樣。
· 橫紋…織布時的橫線方向。延展性比縱紋大。
· 斜紋…利用45度。最具有延展性。領圍線·袖圍線·腰圍線等都可使用斜紋布條來處理。

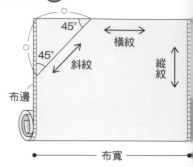

45°
45°
橫紋
斜紋
縱紋
布邊
布寬

拼接圖案的方法

小圖案的印花布或格子布等不需要拼接圖案。
粗條紋或大格子的布料就需要拼接圖案。

縱向的拼接法
· 把前中心·後中心在圖案中央對齊。

橫向的拼接法
· 先決定前中心腰圍位置的圖案，再對齊側線邊圖案。

把裙子的中心線對齊縱條紋的中心

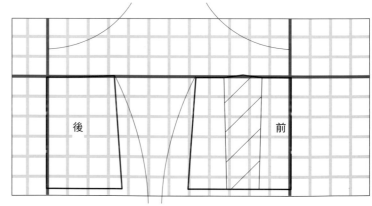

後
前

對齊橫條紋圖案

接著芯的黏貼法

· 正確的接著芯黏貼法是不滑動熨斗，而以各重疊一半的狀態，毫無空隙地進行按壓。

熨斗的熨燙法
必須置放在墊布或者描圖紙上熨燙。

布（裡）
（粗糙面）
有漿糊的那面

墊布或描圖紙
接著芯

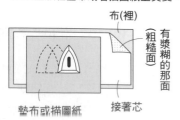

【正確的方法】

【錯誤的方法】

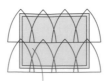

沒有接著的部分

斜紋布條的種類

兩折型斜紋布條
鑲邊型斜紋布條

斜紋布條
對布的織紋以45度裁剪而成的細布條。

兩折型斜紋布條★
可當領圍線·袖圍線等部位的貼邊使用。兩端都有折疊。

鑲邊型斜紋布條★
夾住領圍線·袋口·腰圍線等邊端使用。是把兩折型斜紋布條朝內側再次對摺而成。